写给孩子的

自然灾害
科普书

洪水灾害

刘兴诗 ◎ 著

U0222288

黑龙江少年儿童出版社

图书在版编目（CIP）数据

洪水灾害 / 刘兴诗著. -- 哈尔滨 ： 黑龙江少年儿童出版社，2023.10
（写给孩子的自然灾害科普书）
ISBN 978-7-5319-8431-3

Ⅰ．①洪… Ⅱ．①刘… Ⅲ．①洪水－水灾－儿童读物 Ⅳ．①P426.616-49

中国国家版本馆CIP数据核字（2023）第224425号

写给孩子的自然灾害科普书

洪水灾害 HONGSHUI ZAIHAI

刘兴诗◎著

出 版 人：张　磊
项目统筹：华　汉
项目策划：张　磊　顾吉霞
责任编辑：张　喆　刘金雨
责任印制：李　妍　王　刚
封面设计：周　飞
插　　画：不倒翁文化
内文制作：文思天纵
出版发行：黑龙江少年儿童出版社
　　　　　（黑龙江省哈尔滨市南岗区宣庆小区8号楼　邮编：150090）
网　　址：www.lsbook.com.cn
经　　销：全国新华书店
印　　装：哈尔滨午阳印刷有限公司
开　　本：787 mm×1092 mm　1/16
印　　张：8
字　　数：70千
书　　号：ISBN 978-7-5319-8431-3
版　　次：2023年10月第1版
印　　次：2023年10月第1次印刷
定　　价：29.80元

一位老探险者的话

我从小就梦想探险生活，长大后终于如愿以偿。

作为一名地质工作者，半个多世纪以来，我的脚步遍及高山、雪岭、高原、平原、峡谷、急流、冰川、湖泊、沼泽、沙漠、戈壁、洞穴、海洋等各种各样的自然环境。我将野外探险、课堂宣讲和书斋命笔紧密地融合在一起，它们都是我生活中不可缺少的一部分。

我曾骑着自行车走遍华北平原的每个角落，除了调查土壤分布，还探寻了神秘的禹河和不同时期的黄河故道。

我曾指挥一支海军陆战队式的考察队，叩问长江三峡每道陡峭的崖壁，登临每座巍峨的山峰。

我曾面对可怕的沙漠黑风暴。

我曾在北冰洋和北极熊狭路相逢。

我曾乘着小艇闯进庞大的鲸群。

我曾在茫茫的大海上突遇船舱失火，也曾在高原雪地里翻过车。

我完成了近千份洞穴考察记录，为此，我曾在地下深处几度遇险。

我还在地震震情会后，立即赶赴 48 小时后即将发生中强度地震的震中心，感受大地的颤抖……

面对伟大的大自然，我深深地感受到人类的渺小——人，是脆弱的。

亲爱的小读者，你也向往走进大自然吗？但愿这本书在你面对各种自然灾难时能有所帮助。

最后需要提醒你的是，面对险情不需要教条，需要的是勇气、镇静和清醒的科学头脑，善于临机应变，才是最好的办法。

目　录

✐ 洪水灾害

人们常常将洪水与猛兽相提并论，可见它对人类的威胁有多大。

我们可以这样说，世界上几乎所有地区都遭受过不同程度的洪水袭击。洪水给人类留下了难以磨灭的印象，这从世界各地大量有关洪水的神话传说中可以看出。

《圣经》中诺亚方舟的故事是极为著名的：创造世间万物的上帝耶和华见到地上充满败坏、强暴和不法的邪恶行为，于是计划用洪水消灭恶人。只有义人诺亚得到允许，带着家人和各种被挑选出的动物，乘着一只巨大的方舟，躲过了这场灾难。过了一段时间后，

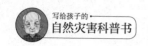
洪水慢慢退去，方舟则停在了阿勒山上。诺亚不知别处的洪水是否退去，就放飞了一只鸽子。不久，鸽子衔着一根新鲜的橄榄枝回来了，诺亚知道各处的洪水都已退去，才带领全家和所有的动物从方舟上走出来，在大地上重新繁衍。

此外，世界上其他民族也有独属于自己的洪水神话。

印度神话中有一个故事：古时候，一个名叫摩奴的人救了一条小鱼。后来毁灭世界的大洪水发生了。多亏了那条鱼，带着他到了世界最高山——喜马拉雅山上，才保全了性命。

波利尼西亚群岛也有一个传说：快到月圆的时候，暴风雨突然出现，海水越涨越高，吞没了所有的岛屿。只有一个女人登上了木排，侥幸活了下来。

住在南美洲奥里诺科河盆地里的印第安人认为，在遥远的"水的时代"，洪水淹没了整个世界，只有一个男人和一个女人逃到了塔曼纳库山顶。

玻利维亚神话中提到，在大洪水中，只有一个男孩和一个女孩坐在一片大冬青树叶上才得以活命。

这样的故事实在太多，而这些故事中都无一例外地提到洪水，显然这不是偶然的。严肃的科学家从这些神话传说中发现，这些故事和传说是人类对史前一次洪水灾害的共同回忆。

我国自古就是一个洪灾多发的国家。除了传说中的大禹治水之外，有记载的洪灾还有很多。如汉武帝元光三年（公元前 132 年），黄河突然决口，洪水侵袭了 16 郡，汉武帝发卒数万人堵塞决口，并下令在新修的拦河大堤上盖"宣房宫"，从此黄河水"又北行"，"梁、楚之地复宁，无水灾"。

魏晋南北朝时期，伊水、洛水等地的水灾记载仍然十分频繁。由于政权分裂，战争频繁，作战时常以水代兵，造成许多人为水灾，许多城市因此被破坏。

清代有过两次特大洪灾。一是乾隆二十六年（1761 年），黄河花园口附近形成数百年未遇的洪峰。汹涌的洪水造成黄河两岸 26 处决口，河南、山东、安徽三省的 16 个县被淹。二是道光二十三年（1843 年），黄河在中牟县决口，有 40 多个县受灾。据查，这次特大洪

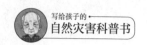
水是在多年间从未有过的。故在当时的黄河边流传着一首民谣，其中的一句是"道光二十三，河水涨上天"，可见这次洪水的规模之大。

我国之所以多洪灾，主要是因为我国河流众多，且降雨在季节分布上很不均匀。

在我国，大部分地区降雨量集中于夏秋季节（即6～9月），而且这些降雨又往往以暴雨的形式出现，如果这时河道的泄洪能力与洪水来量不相适应，就容易发生洪灾。

面对洪灾，人类也做出了积极的反应。我国古代的都江堰工程，就是人类为战胜洪灾、制服洪灾做出的努力。2000多年来，由于这一工程的作用，川西平原几乎未曾受到过洪水侵害，这是我们人类的骄傲。

但像都江堰这样的工程还是太少了。不仅如此，由于人类人为破坏，水土大量流失，能吸纳洪水的湖泊也被大量填埋，变成农田，这使得现在的洪灾有愈演愈烈之势。

对于洪灾，我们只能以预防为主，而要做到这一点，

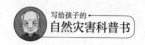
保护植被、保护湖泊、兴修水利工程等，都是十分必要的。

我国自 1998 年后，推动各种以预防为主的措施实施，相信在不远的将来，洪水灾害将不再困扰我们。

✎ 关于洪水的知识

水是生命的源泉，同时也具有致命的杀伤力，洪水灾害是自然界的头号杀手，是地球上最可怕的自然灾害之一。洪水灾害发生时，河水会溢出河岸和堤防，淹没道路，摧残农作物，使人类的所有文明生活陷入停顿，更有甚者，它还会掠夺无辜的生命。

洪水灾害如此可怕，那该如何给洪水灾害下一个定义呢？

由于暴雨、急剧的融冰化雪、水库垮坝、风暴潮等原因，使得江河、湖泊及海洋的水流增大或水面升高超过了一定限度，威胁着有关地区人民的生命财产安全或造成不同程度的灾害，这种自然现象一般称为

洪水。洪水一般包括江河洪水、城市暴雨洪水、海滨河口的风暴潮洪水、山洪、凌汛等。"洪水"一词在我国最早出自《尚书·尧典》："汤汤洪水方割，荡荡怀山襄陵，浩浩滔天。"

自古以来，洪水给人类带来了很多灾难，在一些河流下游，洪水经常泛滥成灾，造成重大损失。但有时洪水也给人类带来一些福祉，如尼罗河洪水定期泛

滥给下游三角洲淤积肥沃的泥沙，有利于农业生产。

定量描述洪水的指标有洪峰流量、洪峰水位、洪水过程线、洪水总量、洪水频率等。洪峰流量和洪水总量是衡量洪水量级大小的主要指标。洪峰流量是指洪水通过河川某断面的瞬时最大流量值，以立方米每秒 (m^3/s) 为单位；洪水总量是指一次洪水过程通过河川某断面的流量总和，简称"洪量"，常以立方米 (m^3) 为单位。

洪水的形成往往受气候、地形地势等自然因素与人类活动因素的影响。洪水可分为河流洪水、湖泊洪水、风暴潮洪水等。其中，河流洪水以成因不同又分为以下几种类型：

暴雨洪水　多发生在中低纬度地带，是最常见、威胁最大的洪水。它是由较大强度的降雨形成的，简称"雨洪"。江河的流域面积大，且有河网、湖泊和水库的调蓄，不同场次的雨在不同支流所形成的洪峰，汇合到干流时，各支流的洪水过程往往相互叠加，形成历时较长、涨落较平缓的洪峰。小河的流域面积小，河网的调蓄

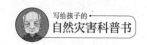

能力较差，一次降雨就足以形成一次涨落迅猛的洪峰。山洪具有突发性、雨量集中、破坏力强等特点，常伴有泥石流、山体滑坡、塌方等灾害。

山洪　山区溪流由于地面和河床坡降较陡，降雨后产流、汇流都较快，容易形成急剧涨落的洪峰。

融雪洪水　在高纬度严寒地区，冬季积雪较厚，春季气温大幅度升高时，积雪大量融化形成。

冰凌洪水　中高纬度地区，由较低纬度地区流向较高纬度地区的河流，在冬季因上下游封冻期的差异或解冻期差异，可能形成冰塞或冰坝面，从而引发洪水。

溃坝洪水　水库失事时，存蓄的大量水体突然泄放，下游河段的水量急剧增长甚至漫槽，成为立波向下游推进的现象。此外，冰川堵塞河道，导致水位增高，然后突然溃决时或者地震及其他原因引起的巨大土体坍滑堵塞河流，使上游的水位急剧上涨，当堵塞坝体被水流冲开时，在一些地区也容易形成这类洪水。

由于河湖水量交换或湖面大风作用或两者同时作用，容易发生湖泊洪水。当入湖洪水和受江河洪水严重顶托时，常导致湖泊水位暴涨，因盛行风的作用，引起湖水运动而产生风生流，有时可达 5～6 米，如北美的苏必利尔湖、密歇根湖等。

除了河流洪水、湖泊洪水外，还有天文潮、风暴潮洪水等。

洪水作为一种自然灾害，在时间上有一定的重现性。一般洪水的重现期小于 10 年；较大洪水的重现期为 10～20 年；大洪水的重现期为 20～50 年；特大洪水的重现期则超过 50 年。

在我国，除沙漠和极端干旱区、高寒山区等人类极难生存的地区外，大约 2/3 的国土要面临不同类型和不同危害程度的洪水灾害，有 80% 以上的耕地受到洪水的危害。

我国的洪水以暴雨洪水为主，并具有四个特点：一、季节性明显，时空分布不均匀；二、洪水峰高量大，干支流易发生遭遇性洪水；三、洪水年际变化大；四、大洪水具有阶段性和重复性的特征。

从时间上讲，一个流域出现大洪水的时序分布虽

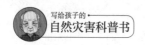
然是不均匀的，但许多河流在一段时期里发生大洪水的频率较高，而另一段时期里发生大洪水的频率较低，高频期和低频期呈阶段性的交替变化。另外，在高频期里大洪水往往连年出现，有连续性。

从空间上来说，我国暴雨洪水与发生地的天气和地形条件有着密切关系，凡是近期出现大洪水的流域和区域，历史上也都发生过类似的大洪水，如1998年长江大洪水就与1954年长江大洪水比较类似。

✏ 特殊的水库

在人们眼里，日本是一个地震活动频发的国家，这一点儿也不假。此外，日本还是一个洪水泛滥的国家。这一点，大家可能知之甚少。

和百川奔流的"洪水之国"孟加拉国相同，日本也是一个水资源较为丰富的国家。其实，河流多并不一定就会造成洪水灾害，如果雨水少，那么发生洪水的可能性确实很小；如果雨水多而且大，就很容易发生洪灾了。因为河流往往有泄洪的作用，尤其是宽阔的大河。大量的雨水一旦无法宣泄，就会形成洪水。防止形成洪水的关键是要对河流进行治理。

1958年9月26日，一股强大的台风在日本的东海

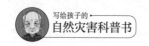
岸伊豆半岛登陆，仅 24 小时，就下了雨量近 700 毫米的大雨。整个半岛上仅有一条小小的狩野川，无处宣泄的雨水造成了洪灾。由于洪水来得突然并且猛烈，狩野川沿岸损失惨重，所以后来人们称它为"狩野川台风"。

狩野川台风并没有在伊豆半岛上停止前进，它很快就掠过半岛，在神奈川县江之岛附近登陆，经东京、横滨北面的筑波山，向三陆近海移动。

结果，东京、横滨一带降了一场罕见的大暴雨，日降雨量分别达到 393 毫米和 287 毫米。暴雨使东京的公共交通全部中断。在横滨，暴雨和洪水引发了大小滑坡、崩塌有 1029 处，使新市区遭受了严重破坏。

日本是台风盛行的地区，台风每年给日本带来的洪水灾害并不在少数。日本深受台风带来的洪水灾害的困扰。

那该怎么办呢？台风是挡不住的，因此，台风雨也是无法阻止的。唯一的办法就是尽可能想办法迫使雨水慢慢流进狭窄的河道，分期分批宣泄雨水，避免其泛滥成灾。

从地图上不难看出，日本国土面积不大，沿海平原又十分狭窄，要想在洪水形成之前就分解掉它真是难上加难。这里根本就没有开阔的地势来修筑大型水库，更不可能寻找一处洼地来分洪。那还有什么办法呢？

只要肯动脑筋，办法总是会有的。

1976年第17号台风在日本九州登陆，波及日本列岛44个都道府县，许多地方形成水灾。受灾人数约40万人，无数的房屋被洪水冲毁。

在高知市，日降雨量达到525毫米。10分钟的最大降雨量为27毫米，这场罕见的大雨使全城顷刻间变成一片泽国，所有房屋全部浸泡在洪水之中。洪水过后，有关人员对被淹的房屋进行了检查，发现房屋地板以下和地板以上浸水的总比例是4.2:1。日本专家决定，抬高这座城市建筑物的地基，这样做不仅可以防洪，还可以利用地板下面的空间滞洪，从而减轻河道的负担。虽然一幢房子的地板下容积有限，如果整座城市都这样滞洪的话，其容量就十分可观了。

于是，一个奇妙的"地板下滞洪"计划就这样形

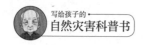
成了，这种建筑物也被大力宣传并普及。

经过多次城市水灾，日本专家还发现可以利用运动场、住宅间楼间空地、地下停车场等作为临时雨水贮留设施。通过设定法规，鼓励各家各户贮存雨水。同时研制出一些透水性铺路材料和雨水渗井。在下水道里也安置一些贮留设施和迂回管道线，以便使雨水能在地下产生"时间差"，延缓其进入河道的时间。这样，就可以降低洪灾的发生概率。

有的应急临时贮水处雨后需要动用抽水泵排除积水，既麻烦也不经济。于是，日本专家又想出了一些点子，干脆在地下修建一些巨大的地下洪水调节池，再用一些隧道使其互相连接，发生洪灾时，选择合适的时间将存水排入大海或河流。

为了应付穿城而过的平野川泛滥，大阪在街道下面20米处，修建了内径10米、长1890米、贮水量14万立方米的洪水调节池。名古屋的若宫大街下面10米处，也建成了长316米、宽50米、贮水量10万立方米的地下蓄洪设施。东京正在研究一种泄洪方案，将几个巨大的地下水库连接成为地下河，存水直接被排入东京湾。

地狭、多雨的日本这种善于因地制宜的思路和措施值得我们借鉴。

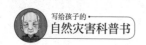

堰塞湖

堰塞湖，顾名思义就是由于堵塞所形成的湖泊。它是由于火山熔岩流、冰碛物或地震活动等原因引起山崩、滑坡等堵截山谷、河谷或河床后贮水而形成的。其中由火山熔岩流堵截而形成的湖泊又称为熔岩堰塞湖。

经历过汶川大地震的人们都曾经历堰塞湖的可怕之处，尤其是唐家山堰塞湖的橙色警报让人感到恐惧，并大规模举家迁徙。

 堰塞湖为何如此可怕，它是怎样形成的呢？

堰塞湖的形成有四个过程或条件：

一、原来就有的水系。

二、原有水系被岩溶流、滑坡体堵塞物堵住。

三、河谷、河床被堵塞后，流水聚集并往四周漫溢。

四、储水到一定程度便形成堰塞湖。

2008 年 5 月 12 日的汶川大地震过后，造成北川部分地区被堰塞湖淹没。唐家山堰塞湖是此次大地震后形成的最大堰塞湖，地震后山体滑坡，阻塞河道形成的唐家山堰塞湖位于涧江上游，距北川县城约 6 千米处，其库容约为 1.45 亿立方米，严重威胁下游居民的生命财产安全。

 堰塞湖为何有如此巨大的危害呢？

主要有三个方面原因：

一、堰塞湖的堵塞物不是固定不变的，它们也会受冲刷、侵蚀、溶解、崩塌等因素影响。一旦堵塞物被破坏，湖水便漫溢而出，倾泻而下，将形成极其严重的洪灾。

二、形成的堰塞湖一旦决口，后果严重。

三、伴随不断发生的次生灾害，堰塞湖的水位可能会迅速上升，随时可能引发重大洪灾。

总而言之，堰塞湖的形成过程比较复杂，一些较新的堰塞湖都是在诸如火山爆发、地震等地质灾害发生后出现的。而且，由于地震作用形成的堰塞湖一般

不是单独出现的，而是成群地出现，例如汶川大地震后，四川灾区形成了多达 34 处堰塞湖。

堰塞湖在我国分布广泛，由山崩、滑坡所形成的堰塞湖多见于藏东南峡谷地区，且年代都很近。藏东南波密县的易贡湖是在 1990 年由于地震影响暴发了特大泥石流堵截了易贡藏布河谷形成的。波密县的古乡湖是 1953 年由冰川泥石流堵塞形成的。八宿县的然乌湖是 1959 年暴雨引起山崩堵塞河谷形成的。

我国的堰塞湖大多由于地震、滑坡等灾害形成，尤其是比较新的堰塞湖。比如，1941 年 12 月，台湾嘉义东北部发生了一次强烈的地震，地震引起山崩，导致浊水溪东流被堵，在海拔高度 580 米处的溪流中，形成了一道高 100 米的堤坝,河流因此中断,10 个月后，上游的溪水滞积，在天然堤坝上形成了一个面积达 6.6 平方千米、深 160 米的堰塞湖。

由于地震、滑坡等地质灾害所形成的堰塞湖容易造成洪灾，威胁下游居民的生命安全。解决堰塞湖威胁的最好方法就是在最短的时间内紧急泄流。汶川大

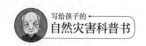

地震后形成的唐家山堰塞湖严重威胁下游居民的生命安全，有关部门紧急组织调研，于 2008 年 6 月 7 日 8 时 12 分开始泄流，成功地利用导流渠将湖水排走，避免了灾难的发生。

前面提到了熔岩堰塞湖，这种堰塞湖在我国分布也比较广泛。我国东北地区的五大连池即由老黑山和火烧山两座火山喷溢的玄武岩熔岩流堵塞白河，使水流受阻形成的 5 个彼此相连呈串珠状的湖泊。此外，黑龙江的镜泊湖也是由玄武岩熔岩流在吊水楼附近形成了宽约 40 米、高约 12 米的天然堰塞堤，拦截牡丹江出口，使水位提升而形成的一个面积约 95 平方千米的典型熔岩堰塞湖。

✏ 水淹成都

1933 年深秋，在四川省的省会成都，过惯了闲适生活的人们压根儿就没有想到，会遭遇一场罕见的水灾。他们依然是那样悠然自得。茶馆里坐满了茶客，人们不紧不慢地摆着龙门阵①。

10 月 10 日清晨，本来流量很小的岷江突然暴涨，犹如猛兽一般冲进了成都。一时间，无情的江水将整个成都淹在水中，毫无准备的人们四处奔逃，伤亡惨重。

那么，这次突然出现的洪水到底是怎么来的呢？

后来人们才知道，水淹成都的岷江水始于岷江上

---

① 方言。聊天，闲谈。

23

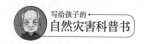
游的叠溪海子。叠溪是岷江上游的一个小镇，传说这里是 3000 多年前古蜀人的聚居地。蜀人正是从这里沿江而下，进入成都平原的。

1933 年 8 月 25 日 15 时 50 分，随着一声巨响，处于半山腰的叠溪镇和着山间的石块一起滚入山底的岷江。顷刻之间，大量的堆积物将岷江及附近的几条支流全部截断，形成了十多个大大小小的堰塞湖。其中，岷江干流上的大海子刚形成时，沿着山谷逶迤达 12.5 千米，最宽处约 2 千米、水深达 98 米，成为一个罕见的山间大湖。

此时，岷江下游已完全断流，由于当时的通信技术还十分落后。所以人们眼巴巴地望着干涸的河底，并不知道上游究竟发生了什么。

那么，上游发生了什么事呢？那声巨响是叠溪镇发生了一场地震，这可不是一场小地震，而是一场 7.5 级、破坏性很强的地震。正是地震造成了叠溪镇的毁灭，而叠溪镇的毁灭又阻断了岷江，形成叠溪大海子，使得岷江下游断流。

40 多天后，高达 160 多米的叠溪海子的水开始慢慢向外溢流，下游才又重新出现涓涓细流。昔日的滔滔江水如今变成了涓涓细流，住在下游的居民非常失望，著名的都江堰水利工程也因为没有水而几乎成了摆设。只有那些天真的孩子们快乐无比，在宽阔的河滩上耍得心花怒放。此时此刻，不要说是小孩子，就是大人也没有意识到一场灾难即将降临在他们头上。

1933 年 10 月 9 日晚，叠溪附近发生余震，乱石堆砌的海子崩溃了，湖中积水突然之间失去依托，顺着峡谷狂泄而下，发出震天的巨响，十多里外都能听到。大水势不可挡，两小时就到达了 60 多千米外的茂县，半夜到达汶川县，然后冲进都江堰，最后冲进不设防的成都。

这是一次典型的地震水灾，这种灾害造成的损失往往比地震本身还要大得多。

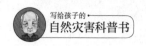
跑马山下洪水滔滔

中国的千余个县城，几乎没有人完全知道这千余个县城的名字，但很多人都听说过"康定"这个名字，这一切都因为那首著名的民歌——《康定情歌》。

康定县城坐落在四川西部，属于青藏高原的一部分。县城四面环山，折多河穿城而过，使康定城依山傍水，景色十分优美。城东的跑马山上郁郁葱葱，在蓝天白云的映衬下，仙境般的景色令人向往。

但是在 1995 年的夏天，这座美丽的县城受到了一场罕见的大洪水的袭击。

洪水就来自折多河，它来势凶猛，还夹杂着众多的泥沙和石块。一时间，县城的街道变成了河道，连接两岸的几座桥梁也被大水冲垮，一些民房被冲走，全城大部分区域被淹没。造成直接经济损失两亿多元。据专家介绍，如此大规模的洪水自1776年以后便未在此地发生。

那么，如此大的洪水又是怎么发生的呢？

那几天，康定大概率下过大雨或暴雨，但仅仅是雨水还不足以酿成如此大的洪水。这么大的雨并不罕见，但都没有造成过大洪水。

问题出在哪里呢？就在折多河上游。

由于植被被大量破坏，造成土壤疏松，大雨冲刷，发生了规模不小的泥石流。大量的泥沙和石块从山上冲下来，又堵塞了折多河河床，一时间，十多千米的河床被泥沙和石块堵死。奔腾的河水脱离了河床，并携带着从山上流下来的泥沙和石块，向四处冲去，大洪水就这样发生了。

在康定的跑马山下，至今还保留着一座完好的历史文物：水井子。在水井子靠山一面的岩石上，保留着记录当年康定人民幸福生活的画面。从中可

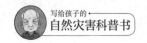
以看出，当时的康定河水清清，井水甘甜。

1995 年的康定大洪水给我们敲响了环保的警钟。由于大片的森林被砍伐，植被被破坏，田园般的生活正离我们远去。环境保护的重要性在这里已是不言而喻了。

✏ 瞄准冰块的轰炸机

1999 年 3 月 13 日凌晨，两架轰 -6 型战机从大同基地起飞，去执行轰炸任务。它们是要去轰炸来犯的敌人吗？不是！它们是去执行炸冰任务的。为什么要去炸冰呢？这还得从黄河凌汛说起。

每年春天，由于纬度的不同，黄河上游河段一些低纬度地区结了一冬的冰迅速融化，向中下游流去。而高纬度的中游地区依然冰天雪地，上游的河水流到此处，受到了冰块的阻拦，水位骤涨，无法排泄，形成凌汛。凌汛实际上就是河流受冰块阻拦导致流动不畅而形成的洪水。它往往会给发生凌汛地区的人们带来巨大的灾难。

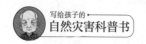
　　凌汛出现后，唯一的办法就是炸冰。从 1951 年起，相关部门每年都动用轰炸机炸冰。炸冰现场往往需要几个兵种协调行动，先是工兵和民兵进行预先爆破，再是炮兵在险要地段炮击冰坝，最后再由轰炸机进行轰炸。

　　1999 年 3 月 13 日，内蒙古伊克昭盟（现为鄂尔多斯市）达拉特旗的解放营子村附近。一大早，空军地勤人员就来到现场做好准备，他们拉起红白布的标记，然后等待轰炸机到来。上午 9 时刚过，两架轰炸机出现了。维护现场的工作人员把围观的群众疏散至堤坝以外，以免发生意外。两架轰炸机在空中盘旋一阵后开始向预定目标投弹。弹药落地后，很快冒起冲天的黑烟，形成巨大的烟柱，然后又迅速消失。据现场的专家说，黑烟意味着弹药炸在了主河道上；如果冒起的是黄烟，那就不太妙了，意味着弹药落在了河滩上。随着弹药的不断落下，围观群众也随之兴奋起来，他们有的不断地数着投下的炸弹，有的议论着这炸弹大概落在了什么地方，他们越说越兴奋，以至于轰炸

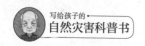
机完成任务飞走后，还觉得不过瘾，留在原地不肯离开。这次轰炸效果十分明显，被炸碎了的冰块开始向下游流动，水位明显下降，遭受凌汛灾害的群众终于可以过上正常的生活了。

自20世纪90年代以来，黄河内蒙古段多次经历凌汛灾害。1990年开春后，由于气温回升快，使得黄河开河早于往年，这期间曾多次出现卡冰现象，最后国家几次出动轰炸机炸冰，凌汛才得以控制。

1994年，内蒙古北部普降大雪，而入春后，上游河段先期解冻，冰水齐下，造成下游河水暴涨。危急之中，空军及时出动，共投弹88枚，险情终于得以解除。

1995年，在内蒙古乌拉特前旗的黄河河段，结成一条宽34米、长1.5千米的巨大冰坝，上游的河水直流而下，造成此段水位暴涨，为保护群众的生命财产安全，相关部门出动一个轰炸中队及时疏通了河道，才避免了灾难的发生。

1996年的凌汛最为危险。自1月下旬后，黄河陕西段流凌不断堆积，致使水位不断升高，河岸多次决口，

20多万亩农田被淹，10000多人受灾。空军出动轰炸机31架次，投弹576枚，才缓解了灾情。而在内蒙古段，有830多千米壅冰结坝，河水泛滥，30000多亩农田被淹，5000多人受灾。相关部门出动两架轰炸机，投弹32枚，并用6门迫击炮轰击了近4小时，凌汛才得以控制。

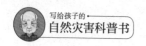
✎ 洪水之国

　　说到洪水，就不得不提到位于亚洲南部的孟加拉
国。这里的洪水比世界上任何一个国家都严重得多。
从 20 世纪中期以来，孟加拉国发生洪水灾害是常有的
事，洪水成了这个国家的头号公害。

　　我们先来看看 1987 年的大洪水。

　　那一年的 7 月 19 日深夜，正在沉睡中的达卡市居
民突然被惊雷声惊醒。一阵电闪雷鸣之后狂风大作，
许多大树被连根拔起，一些房屋的屋顶也被卷走。接
着倾盆大雨造成的洪水，让毫无准备的居民对这突然
降临的灾害束手无策。达卡西北部的贾马乐普尔县和
达卡西南部的纳赖东县受灾最重。几乎所有的房屋都

浸泡在洪水之中，成千上万的居民无家可归。然而，天就像漏了一样，暴雨根本没有要停的样子。至8月2日，孟加拉国有近一半的县都遭受了洪水的袭击，数百人因此丧生，几百万亩农作物被毁，上百万间房屋被冲垮。灾情十分严重，但河水水位仍在不停上涨。

8月21日，灾情进一步恶化，孟加拉国政府不得不请求国际援助，同时也采取了一些措施以控制灾情。

直到9月初，主要河流的水位才开始下降，险情基本过去。

在这次灾害中，孟加拉国64个县中有47个遭受了洪水和暴雨的袭击，此次灾害造成2千多人丧生，2万多头牲畜淹死，200多万吨粮食被毁，1500多万间房屋倒塌，1300多万公顷农作物被冲毁，另外有大量的公路、桥梁及涵洞被破坏，损失十分惨重。洪灾还使一些疾病大肆流行，大量灾区居民患上了痢疾，导致死亡。

为什么孟加拉国会经常出现水灾呢？这主要有几个方面的原因。

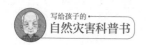

　　首先是自然地理条件。从地形上看，孟加拉国绝大多数国土都位于恒河三角洲上，低平的地势使得河水流速十分缓慢，而又地处亚热带季风区。每年夏天，印度洋上的西南季风带着温暖又饱和的水汽吹过来，遇到山体抬升，形成暴雨落下。即使河流众多，也难以消化经常出现的暴雨。因此，孟加拉国经常出现水灾也是很自然的。

　　再者就是人为因素。河流众多的孟加拉国社会经济发展程度较低，缺乏良好的水利设施，既没有具有

防洪蓄水能力的大中型水库，也没有可以宣泄地表积水的沟渠。许多河流的堤防也年久失修，一场暴雨就可能造成河流决口，洪水泛滥。

对于 1987 年夏秋的这次特大洪灾，人们普遍认为，主要是政府事先没有采取强有力的措施造成的。连年的水灾已使孟加拉国从上到下习以为常了，当地人为了防范洪涝灾害，甚至把居住的房屋设计成下面架空、上面居住的形式，并配备小木船，方便出行。洪灾已成为痼疾却没有引起足够的重视，这也是一个值得人们引以为戒的教训。

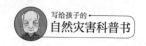
百年未遇的大洪水

1998年，对许多中国人来说都是难以忘怀的一年。这一年，长江流域发生了全流域性特大洪水，先后出现 8 次洪峰，有 360 多千米的江段和洞庭湖、鄱阳湖超过历史最高水位；松花江和嫩江也出现了超历史纪录的大洪水。一时间，洪灾牵动了全国人民的心。

长江是中国第一大河，养育了两岸的人们，也孕育了光辉灿烂的文化。然而，历史上有关长江发生的水灾的记录也多不胜数。

我们来看看其中一些有记录的特大水灾的情况。

1905 年 8 月，长江上游发生洪灾，宜宾到重庆沿江各地"田禾庐舍漂没无算""漂没商民之财畜物不可胜计"。

1917年7月,岷江发生大洪水,沿岸城镇损失惨重,水入民宅,街可行舟,死于水灾者十之八九。

1926年7月,湖南洪灾,40多个县被淹,方圆数百里一片汪洋。

1931年7月,长江中下游连续几个月暴雨不断,降雨量为往年同期的4倍。宜昌8月10日洪峰流量接近每秒64600立方米。这次洪灾造成14.5万人死亡,近3000万人受灾,5000多万亩农田被淹,近200万间房屋被毁。这是20世纪受灾范围最广、灾情最严重的一次洪水。

1935年7月,暴雨引发洪水,近2000万亩农田被淹,死亡近20万人。

1949年6月,长江中下游发生洪灾,仅湖南一省的死亡人数就达5.7万人。

1954年,长江上游和中下游不断被暴雨侵袭,导致水位猛涨,洪水滚滚而来,湖北宜昌枝城有1800千米河段最高水位超过历史最高纪录。这场洪灾造成长

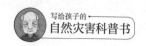
江流域 4755 万亩农田受灾，受灾人口达 1888 万，交通中断，直接经济损失 100 亿元。

1969 年 7 月，长江中下游洪水泛滥，湖北、安徽两省受灾县市达 83 个，受灾人口达 1000 多万。

1981 年 7 月，长江洪水使四川 138 个县市受灾，直接经济损失达 25 亿元。

1991 年华东地区发生大洪水。因华东地区人口相对密集，工农业较为发达，所以这次洪水造成的直接经济损失达 754 亿元。

以上仅是百年来长江流域发生的洪灾情况的统计，从中我们也可以看出洪灾所造成的损失十分惨痛。

而 1998 年长江全流域的大洪水所造成的损失则超过了以往任何一次洪灾。

1998 年的汛期来得特别早。刚进入 6 月份，江南许多地方便暴雨不断。6 月 12 日至 27 日，江西、湖南、安徽等地区的雨量比往年同期增加了 1 至 2 倍。到了 7 月份，长江三峡地区、江西中北部、湖南西北部等地区降雨量比同期多了约 2 倍。7 月底，长江上游、汉水流域、四川东部、重庆、湖北西南部、湖南西北部降雨量也比同期增加了约3倍。正是这种大范围的强降雨过程引发了全流域的大洪水。

洪水在6月中旬发生。当时鄱阳湖水系的信江、抚河、昌江等因强降雨而引发特大洪水。洞庭湖水系也出现了洪水,随之而来的是全流域的洪水。

全流域发生洪水,首先出现险情的是荆江。

长江出三峡后经湖北荆州这一段,称荆江。荆州是一座历史名城。三国时期,蜀国大将关羽曾镇守此处,这里的地理位置十分险要。荆州东望武汉,西临三峡,南邻洞庭,北连江汉平原,长江正好浩浩荡荡穿"膛"而过。同时,荆江还怀抱着三个"大水缸":荆江分洪区、人民大院分洪区和洪湖分洪区。因此,历史上有"长江之险,险在荆江"之说。而荆江大堤自古就有"皇堤""命堤"之称,可谓险中之险。

长江出枝城后,就成为高于地面的悬河。如果荆江大堤溃决,江水自上而下,不用多久,江汉平原以及汉南广大地区就会变成一片汪洋。大量的农田会被

毁掉，数万人将受灾。武汉、荆州等城市，江汉油田、武钢等工业基地也将毁于一旦。可以想象，一旦荆江大堤失守，其带来的灾难将是十分巨大的。

关键时刻，解放军战士从各地奔赴荆江大堤。正是他们的浴血奋战，荆江大堤才得以保住。

这次抗洪救灾中有许多感人的故事。不过，我想给大家介绍一个保护国宝——麋鹿的故事。

麋鹿全身灰褐色，人们又叫它"四不像"。为什么叫"四不像"呢？因为它的角似鹿非鹿，颈似驼非驼，蹄似牛非牛，尾似驴非驴。也正因为这样，麋鹿颇具观赏价值。

麋鹿是一种珍贵的兽类，在动物研究上具有特殊的意义。麋鹿的化石发现于我国黄河、淮河和长江中下游。从春秋时代开始，麋鹿就是皇家豢养的宠物。

随着人口的不断增加以及森林的大量砍伐，土地被大规模开发，野生麋鹿的数量逐渐减少以至于濒临灭绝。

到了清代，全国仅有北京南海子皇家猎苑内有几百头麋鹿。不过，就是这最后的几百头麋鹿最终也被帝国主义列强掠到了海外。几经磨难后，一个名叫贝福特的英国公爵高价收购了残存在欧洲各国动物园里的18头麋鹿，并放养在他的庄园里。

到了1982年，中国政府与时任庄园主塔维斯托克侯爵达成协议。庄园将赠送一定数量的麋鹿给中国以便恢复衍生。

1985～1987年，我国政府着手开展麋鹿重引工作。由于湖北石首的天鹅洲环境优异，1991年，国家在此建立麋鹿自然保护区。1993年，保护区开始分批从北京南海子麋鹿苑引入麋鹿，致力于恢复麋鹿野生种群。

然而，当一切都进行得十分顺利的时候，1998年的特大洪水使野生放养后的麋鹿受到了严峻的考验。

由于洪水太过凶猛，7月2日，湖北省石首市政府不得不下令打开天鹅洲新堤泄洪。顷刻间，保护区全部沦陷，有40多头麋鹿走失。

危急之中，工作人员立即将其余麋鹿转移到天鹅

洲新堤堤面。洪水茫茫一片，光秃秃的孤堤成了麋鹿临时的家。没有了熟悉的绿草和小树，只有浑浊的江水。此时的麋鹿一片惊恐，不时有弱小的麋鹿被挤入水中，有的甚至试图泅水逃走。

工作人员不分昼夜，精心照顾，总算把麋鹿安顿下来。

石首市的人们在被洪水围困之时，也没有忘记保护麋鹿。焦山河乡新港村一组的几位村民在巡查灾情时，发现了一头走失的麋鹿，他们经过3个多小时的努力，终于将其捕获，并送返保护区。此外，桃花山镇王李场村的村民们也将一头被捕获的麋鹿送回了保护区管理处。

在最危险的时刻，当地武警官兵奋力抢险，确保了这片麋鹿的临时家园不被洪水吞没。

麋鹿的安危牵动着许多人的心。国际爱护动物基金会向保护区提供了援助，并派代表来保护区看望。国家环保总局也向石首市政府发来慰问信。

1998年夏天的洪水确实来得凶猛，但洪水无情人

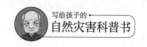
有情。洪水虽然淹没了保护区的土地，人们却保护好了麋鹿。

人类要发展，要实现美好理想，就必须与大自然和睦相处，从这个意义上讲，保护自然环境也就是保护人类自己。

1998 年长江全流域的大洪水给中国造成了巨大的灾害，直接经济损失达 1666 亿元。

来自国家环保总局的消息说，1998 年的长江洪水流量并不是最大的，却屡创新水位纪录，这表明长江流域水土流失的情况十分严重。由于长江上游大量的森林被砍伐，致使水土大量流失。每年从宜昌进入长江下游的泥沙达 5 亿吨，从而抬高了河床，加重了洪涝灾害的隐患。

同时，过度的围湖造田也破坏了自然生态环境。长江中下游地区本是我国淡水湖集中的区域。20 世纪 50 年代，汉江湖群有湖泊 1066 个，到 90 年代初仅剩 182 个。此外，洞庭湖、鄱阳湖等大型湖泊的水面也大幅度缩小，造成蓄水量越来越少，调洪能力越来越低。

痛定思痛，人们终于意识到要减少洪水灾害，保护环境是十分重要的。

蓝色的幽灵——海洋灾害

海洋灾害是指海洋环境发生异常或激烈变化，从而导致在海洋中或海岸上发生灾害。比如风暴潮灾害、巨浪灾害、海啸灾害和海冰灾害等。

由于海洋面积占全球总面积的71%，因此，海洋灾害的波及面十分广，其造成的损失也较大。尤其是沿海国家，受海洋灾害的威胁更大。

对我国影响最大的海洋灾害是台风。全球的热带海洋上，每年发生80多次台风，而靠近我国的西北太平洋就占了总数的38%。

如果登陆的台风偏少，那么我国东部和南部地区就会出现干旱天气，农作物将减产。要是登陆的台风偏多，也会造成灾害，如由暴雨洪水引发的滑坡、泥石流等地质灾害。

由于我国沿海一带人口众多且经济较为发达，一旦出现灾害，损失较大。

不过，海洋灾害大多是可以预报的。时刻监测、提早预报是减少海洋灾害的有效办法。

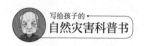
海洋的破坏力量

广阔的海洋，美丽而又壮观。

海洋虽然浩瀚，却并不乖巧，它带来的灾害，以其巨大的破坏力制约着人类的发展。

海洋灾害在全球广泛存在，破坏力巨大，直接或间接地影响着整个人类的生存与发展。尤其对我国这个濒临太平洋的国家而言，海洋的破坏力更是强烈地制约着我国沿海地区的经济和社会发展。

近20年来，我国由风暴潮，严重海冰、海雾等海洋灾害造成的直接经济损失平均每年约5亿元。在这些经济损失中，以风暴潮在海岸附近造成的损失最多。

海洋为什么有如此恐怖的力量呢？因为它广布地

球，且随着地球的转动在不停地运动着，它的力量其实就是地球的力量。

海洋里的水总是有规律地流动，循环不息，我们称之为洋流。为什么会这样呢？肯定是有一个推力促使它不停地运动吧。研究发现，这个推力来自多方面，其中盛行风是使洋流运动不息的主要力量。一般来说，洋流是沿着各个海洋盆地四周环流的。由于地球自转影响，北半球的洋流以顺时针方向流动，南半球则相反。

海水密度不同，也是洋流成因之一。我们都知道，冷水的密度比暖水高，基于同样原理，两极附近的冷水在海面以下向赤道流去。抵达赤道时，这股水流便上升，代替随着表面洋流流向两极的暖水。

不断循环流动的海洋，是决定地球气候发展的最主要因素之一。海洋本身是地球表面最大的储热体。洋流是地球表面最大的热能传送带。海洋与空气之间的气体交换（其中最主要的有水汽、二氧化碳和甲烷）对气候的变化和发展有极大的影响。从地球发展的历史来看，海洋孕育了地球上的所有生命，并养育它们

上千万年。正是因为海洋如此特殊，所以它的灾害的破坏性也极其巨大。

世界上很多国家所遭受的自然灾害的程度都受到了海洋的影响。例如，仅形成于热带海洋上的台风（在大西洋和印度洋称为飓风）引发的暴雨、洪水、风暴潮，以及台风本身，每年造成近百亿美元的经济损失，约占全球自然灾害经济损失的1/3。

我国濒临的太平洋是世界上最不平静的大洋。太平洋以其西北部台风灾害多而闻名。因此，台风对我国影响异常严重，我国经济发达地区大多处于沿海地带，一次台风灾害即可造成几十亿甚至上百亿元的经济损失。

人类历史是一部与自然斗争的历史。一直以来，人类都在与海洋灾害做斗争。随着科技的进步，人类防御海洋灾害的能力也在加强，海洋灾害造成的人员伤亡呈明显下降趋势。但是由于沿海地区经济的迅速发展，特别是海洋经济迅猛抬升，我国海洋灾害造成的经济损失反而呈急速增长的趋势。据推算，最近10

年当中平均灾害损失约为上一个周期的 4 倍。

面对海洋如此巨大的破坏力，我们每一个中国人都应当时刻做好与海洋灾害作战的准备，尤其是沿海居民，要时刻警惕海洋灾害的降临。

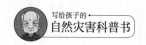
蓝色的大力士

标题说的"蓝色的大力士"是指海浪。海浪怎么会是大力士呢？它究竟有多大的威力呢？还是让我们先来看一个故事吧。

在美国西部太平洋沿岸的哥伦比亚河入海口处，有一座高高的海上灯塔，灯塔的旁边有一座小屋，看守灯塔的人就住在这间小屋内。1894年12月的一天，住在这间小屋里的看守人忽然听见屋顶上传来一声巨响，接着一个巨大的黑色怪物从天而降，"扑通"一声落在屋内。看守人顿时吓得魂不附体。半晌，见那怪物并无动静，看守人仔细一看，原来那怪物是一块大石头。

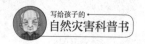

怪了！这么大的一块石头，怎么会从屋顶上落下来呢？难道是有人在做恶作剧吗？看守人赶紧察看四周，只有茫茫大海，哪里见得到半个人影。

看守人百思不得其解，但人命关天，他赶紧请来了专家，希望能找到答案。专家们进行了反复分析和鉴定，最后得出结论：这块石头是被海浪卷到40米高的上空，再落下来，砸到屋子里的。

海浪有这么大的威力吗？如果说上面所述是专家们的分析结果的话，下面几件事则是人们亲眼所见：

在法国的契波格海港，海浪曾经把3.5吨重的货物像掷铅球般地掷过6米高的围墙。

在荷兰的阿姆斯特丹，海浪曾经把20吨重的混凝土抛到7米多高的防波堤上。

在意大利西部海面，一艘美国轮船经过时，被海浪折成两半，一半被抛上了海岸，另一半被抛到半空随后落入大海。

我们再来看一个故事吧。这件事发生的时间是1853年的11月。当时的沙皇俄国同土耳其在黑海发生了战争，两国为什么会发生战争呢？自然是因为领土纷争。由于俄国的海军整体实力比土耳其海军强大。所以土耳其最终被打败了。

然而事情却没有完。土耳其并不甘心，英国和法国也不愿看到俄国进一步扩张领土。于是，他们联合起来对付俄国。

强大的英法联合舰队浩浩荡荡、大摇大摆地开进了黑海，把海峡封锁得严严实实，随时准备向俄国发起进攻。俄军的装备不如英法联军，这一点俄国人很清楚，所以，他们干脆心一横，把自己所有的舰船都沉没在塞瓦斯托波尔的港口里以堵塞航道，来阻挡英法联军的进攻。而俄军则全部躲进塞瓦斯托波尔城中，听天由命了。

那么这些俄国人的命运究竟如何呢？真是天有不测风云，1854 年 11 月 14 日，黑海上空突然乌云密布、狂风大作，紧接着，海面上波涛汹涌，只见狂风巨浪冲向英法联合舰队，海浪把一艘艘军舰高高举起，然后狠狠地砸向海岸边的岩石。顷刻间，巨大的军舰便

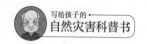
四分五裂了。就这样，海浪不用一枪一弹，就将英法联合舰队全部消灭了。海浪的威力真大呀！

让我们再来看看好望角。这里以巨浪闻名于世。据统计，十多米高的海浪在好望角屡见不鲜，这里的海浪全年有一半时间都在 6 ~ 7 米，其余时间的海浪也在 2 米以上。

葡萄牙航海家迪亚士最先发现好望角。1487 年 8 月，当他率领船队来到好望角时，被排山倒海的海浪打得晕头转向，险些丢了性命。于是死里逃生的迪亚士干脆给这里取名风暴角。但是葡萄牙国王若昂二世认为这个名字不吉祥，改名为"好望角"。

1500 年，当迪亚士再次率队经过这里时，他的运气就没有上一次好了。无情的海浪将这位发现好望角的航海家乘坐的船掀翻，卷入了海底。

第二次世界大战期间，一艘英国巡洋舰经过好望角时，突然一阵巨浪向它袭来，舰艇随之发生了剧烈震荡，士兵们被这突如其来的情况弄得不知所措，以为是遭到了敌人的鱼雷袭击。过后，他们才知道，这剧烈的震荡是海浪引起的。

　　在好望角，不仅一般的舰船会被海浪吞没，万吨级的远洋货轮也往往难逃噩运。据不完全统计，仅在 20 世纪 70 年代，在此海域失事的万吨级舰船就有十多艘。

　　如此威力巨大的海浪，常常给人民的生命财产安全带来极大的威胁，那么人们对此就无能为力了吗？当然不是！

　　长期以来，人们一直为驯服海浪而努力。人们在研究中发现，海浪虽然凶猛，但其能量大多集中在海洋表面附近的海水中。当海浪气势汹汹时，在海面下一定深度的海水却异常平静。因此，只要消耗掉表面一层海水中的波能，就消耗掉了波形传播所需的能量，使海浪变得老实起来。目前，人们根据这一原理设计了一些消波装置，取得了一定效果。

　　为防止海浪灾害，海浪的预报工作也是十分重要的。目前，世界上的主要海洋国家，如美国、日本、英国等，都建立了良好的海浪预报服务系统，为保障

海上运输和海上生产活动的安全发挥了重要作用。

　　此外，怎样利用海浪的巨大能量来为人类服务，也是十分值得研究的。比如利用波浪来发电，这已经在许多国家成为现实。相信将来人类对海浪的利用会更上一个台阶。

🖉 红色的杀手

　　见过海牛的人，都喜欢它那温驯可爱的样子，这种胖乎乎的海洋哺乳动物，曾经被人们大量捕杀，以至于有几个品种的海牛已经灭绝。为了拯救海牛，美国政府出台了相关法律，如果有人伤害海牛，将被处以巨额罚款和最高一年的监禁。由于有了严厉而有效的措施，佛罗里达州的近海几乎成了海牛的天堂。

　　不过，从20世纪90年代开始，这里却出现了一些异常现象。1990年，佛罗里达近海有40多头海牛相继死去，死因不明。又过了几年，即1996年，又有150多头海牛死亡。因为在海牛身上找不到半点儿被枪击、电击或其他暴力手段留下的伤痕，所以排除了

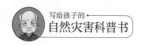
人为因素。

那么，究竟是什么原因造成了海牛的大批量死亡呢？研究人员对 100 多头海牛尸体做了多次解剖和化

验，终于有了线索。

研究人员发现，在这些死亡海牛的胃中，都有喜欢缠在水草上的小型海洋动物——海鞘。知道海牛生活习性的人都知道，就像黄牛和水牛只吃草一样，海牛只吃植物而从不吃动物。那么，小海鞘又是怎样进入海牛胃中的呢？很有可能是海牛在吃水草时，连缠在水草上的海鞘一起吞下了肚，而这些小海鞘体内集有大量有毒物质。不过，研究人员经过仔细分析，认为这些有毒的海鞘还不至于使海牛送命。

不是有毒海鞘，那么又会是什么东西呢？研究人员最终发现，海牛的死亡与赤潮有关。分析表明，海牛通过摄食水草，从而摄入了大量的双鞭甲藻毒素，而这种毒素使海牛末梢神经缠在一起，从而造成功能失常而死亡。双鞭甲藻毒素正是赤潮的产物。根据记录，在佛罗里达近海一带出现赤潮的时间与海牛死亡的时间一致。因此，赤潮正是造成海牛大量死亡的凶手。

那么赤潮又是怎么回事，为什么能造成这么大的危害呢？

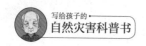
赤潮又称红潮，因海洋浮游生物兴盛、海水呈现一片铁锈红而得名。

赤潮是公认的世界性海洋灾害，它的产生多与大批工业、农业废水和生活污水排入大海有关。以日本为例，其工业最集中、最为发达的东京湾、伊势湾和濑户内海是有名的赤潮重灾区。其中以濑户内海为最。从 1967 年至 1991 年间，这里共发生赤潮 44481 次，造成渔业生产危害达 421 次，直接经济损失达数千亿日元。

我国的一些海域也是赤潮多发区。我国最早记录在案的赤潮发生于 1933 年，当时浙江的台州、石浦一带海域出现赤潮，造成大量的贝类死亡。

现在，随着我国沿海地区工业化进程的加速以及人口的不断增加，生活和工业废水大量排入沿海海域，为赤潮的形成创造了诸多有利条件。因此，赤潮发生的频率逐年升高。

1986 年 1 月的一天，福建省东山县瓷窑村的渔民兴高采烈地来到海边拾花蛤。花蛤是味道最为鲜美的贝类之一。同时，它也是浅海的沙滩里最容易拾到的海鲜。渔民们在海边忙了两个多小时后满载而归。

渔民们美美地饱餐了一顿，可是他们哪里会想到，危险正向他们逼近。

数小时之后，悲剧发生了。全村136人都出现了中毒症状，其中一人因中毒较深、抢救无效而死亡，其他人经医院全力抢救才脱离危险。

科研人员立即赶到现场，经过调查发现，渔民们食用的是被赤潮污染的花蛤。这种被污染的花蛤携带毒素，人食用后就会中毒，轻者胸闷、头晕、呕吐、周身乏力；重者昏迷、休克甚至死亡。

由此可见，赤潮的危害是很大的。

河北的黄骅是我国著名的对虾养殖基地。自1980年以来，这里连年丰收，养殖户个个喜笑颜开。到了1989年，养殖户开始扩大养殖规模，以求在产量上再上一个台阶。但是他们的所有付出顷刻之间就化为了泡影。

这是什么原因呢？也是因为赤潮。突如其来的赤

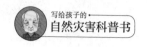

潮吞没了养殖基地。尽管人们以最快的速度采取了补救措施，但损失仍然十分巨大。这次赤潮蔓延的速度之快、覆盖面积之大、持续时间之长、造成的经济损失之巨在历史上都十分罕见。

在我国的海域中，渤海的污染最为严重。据有关调查数据表明，现在每年排入渤海的污水量达27.8亿吨，污染物达70万吨，整个海域水体中一种或多种污染物超一类水质标准的面积已占到总面积的56%。自20世纪90年代以来，渤海几乎年年都有较大规模的赤潮暴发，对渔业生产造成了巨大损失。有关专家曾呼吁，必须尽快解决环境污染问题，不然的话，渤海将变成一片死海。

冰海沉船

在所有因海难而沉没的船只当中，泰坦尼克号的名气最为响亮。几十年来，光是表现这次沉船事故的电影就有好几部。1997年，好莱坞又重新拍摄了新版的《泰坦尼克号》，影片上映后风靡全球。在当年度的奥斯卡金像奖中又揽获了多项大奖。相比之下，其他沉船便没有这样"幸运"了。

当然，泰坦尼克能一再成为焦点，长期以来受人关注，也是有道理的。

泰坦尼克号是从1909年3月动工建造的，1911年5月31日下水，1912年4月2日在北爱尔兰贝尔法斯特哈兰德与沃尔夫造船厂完工试航。泰坦尼克号

排水量达 4.6 万吨，这在当时堪称巨轮了。不仅如此，全船的建造和装修也十分豪华，有人称它为"浮动的宫殿"。

这艘巨型豪华客轮在设计上也十分先进。它有双层船底，船身分为 16 个密封舱室，即使其中四个破裂进水也无妨，在当时又被称为"永不沉没的巨轮"。

也许正是这艘客轮在设计上如此先进和科学，使得船上的操作人员放松了警惕，从而导致事故的发生。

1912 年 4 月 10 日 13 时，随着一声汽笛长鸣，泰坦尼克号从英国的南安普敦港起航，开始了它的处女航，目的地是大西洋另一侧的美国纽约。

开始的几天一路顺利。后来，发现航线上有冰山的电报不断发往泰坦尼克号。然而，这些信息并没有引起船长和船员们的重视。也许他们根本就没有去总结和思考过去许多船只被冰山撞沉的惨痛教训，继续以极快的速度向前航行着。

之后，泰坦尼克号与冰山相撞，冰山在船的龙骨之上 3 米、船身前 1/3 处撕开了一个大口子。

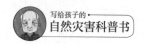
当时船上所配备的救生艇可载1000多人，但由于营救工作混乱，结果只载了一小部分人，没有登艇的1500多人最后全部葬身海底。

一艘被公认构造最为先进、最为科学，设计最为豪华的庞大客轮，居然在其处女航中遭受毁灭性的打击，这自然引起了人们的关注。即便多年以后，这种关注依然热度不减。

当然造成这次沉船的直接原因是大西洋中的海冰。一般而言，海水是不容易结冰的，因为海水是咸的，它的冰点低于淡水。但是，当气温过低时，比如遇到寒潮天气，海面就可能结冰。这时，在近海海岸就可能形成冰封，而在大海深处可能结成冰山。这时候，危害就出现了。

1969年，在我国渤海发生了一次罕见的特大冰封。当时整个渤海被海冰覆盖。有58艘进出天津港的轮船被海冰困住，进也进不去，出也出不来。在一个月的时间里，有的轮船受到海冰的挤压，船体变形，船舱进水；有的轮船的推进器被海冰打碎；海上的所有航标灯也被海冰挟走。海上平台"海一井"平台支座的拉筋被海冰割断，"海二井"平台也被海冰推倒，损失巨大。

此前，渤海中的塘沽港、秦皇岛港已向世界宣布为不冻港，所以这次特大冰封在国际上产生了一些不良的影响。

从上面的例子我们可以看出，不能小视海冰引起的灾害，不然后果是难以想象的。

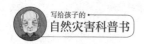

风暴潮的危害

1979年8月，在广东珠江口到汕头沿海一带的海水中，出现了一些异常的声响。如果仔细听一下，就可以发现，大海此时正在发出缓慢而低沉的"叫声"。海面上的海浪正在涌动着。过了一会儿，天空中突然乌云密布，随着一道道刺眼的闪电，雷声不断在空中炸响。

不一会儿，滔天的巨浪呼啸而来，朝横亘在它面前的船舶扑去，朝坚固的防波堤冲去。

这时候，已经没有什么东西可以阻挡那滔天的巨浪了。

近半个汕头市区被浸泡在海水中，水深达1米。

大片的良田也被海水淹没。

在汕尾港，猛烈的潮水使停在这里避风的船舶失控撞向临船，许多艘船因此而沉没。

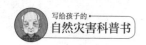

这是一场典型的风暴潮灾害。这次风暴潮共袭击了 38 个县市。冲毁冲坏房屋近 3 万间，有 766 处堤围被冲溃，6 万公顷良田被淹，损毁船只近 2 万艘。

风暴潮是一种发生在近岸的海洋灾害，由强风或气压骤变等强烈的天气系统对海面作用而导致水位急剧升降。

我国是最容易遭受风暴潮灾害的国家，有记录的风暴潮灾害已多不胜数。

1922 年 8 月 2 日夜，在广东汕头地区发生了一次特大风暴潮，据史料记载和著名气象学家竺可桢先生考证，在这次风暴潮中有 7 万多人死亡，并且导致多人无家可归。这是 20 世纪我国死亡人数最多的一次风暴潮灾害。

《潮州志》记录了当时的受灾情形："震山撼岳，拔木发屋，加以海汐骤至，暴雨倾盆，平地水深丈余，沿海低下者且数丈，乡村多被卷入海涛中""受灾尤烈者，如澄海之外沙，竟有全村人命财产化为乌有"。当时的潮州有一个 10000 多人的村庄，死于这次风暴潮灾害的竟达 7000 多人。

1895 年 4 月 28 日至 29 日，在渤海湾发生了一次规模较大的风暴潮，建于大沽口的所有建筑物几乎都被巨浪冲毁，驻守在那里的军队有多人被淹死。

风暴潮是一种世界性的海洋灾害。除中国之外，很多国家也都经常遭受风暴潮。其中孟加拉国遭受风暴潮的损失较为惨重，这主要是孟加拉国东南沿海一带地势较低，属于低洼的河流冲积区，一旦发生风暴潮，几乎没有抵挡之力。

1970 年 10 月中旬，在孟加拉湾沿海暴发了特大风暴潮，30 多万人在这次风暴潮中丧命，50 多万头牲畜溺死，100 多万人无家可归。这是世界近代史上，因风暴潮灾害导致死亡人数最多的一次。

1991 年 4 月 29 日，风暴潮又一次袭击了孟加拉湾沿海。高达 6 米的巨浪铺天盖地地袭来，孟加拉国的第二大城市吉大港完全浸泡在海水中，建筑物几乎全部被摧毁，有 1000 多万人受灾，直接经济损失约 15 亿美元。

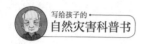
英国、比利时、荷兰、丹麦等欧洲国家也容易遭受风暴潮的袭击。尤其是荷兰，其西海岸地处河流三角，地势较低。自有记录以来，荷兰已发生过 57 次大的风暴潮。在 16 世纪发生的一次特大风暴潮中，包括阿姆斯特丹在内的好几座大城市变成了"汪洋大海"。

1953 年 1 月 31 日至 2 月 1 日，荷兰又遭受了一次特大风暴潮的袭击。巨浪以排山倒海之势将荷兰的堤坝和水闸几乎冲得一干二净。没有了阻拦的海水，犹如脱缰的野马一路狂奔。有 2000 多人在这次灾害中丧命，2.5 万平方千米的土地被淹，大量的房屋被冲毁，许多城市完全浸泡在海水中，直接经济损失达 2.5 亿美元。

美国也常遭受风暴潮灾害。据介绍，仅 20 世纪上半叶，美国有 10000 多人死于风暴潮灾害，直接经济损失超过 25 亿美元。1969 年 8 月 17 日夜间，被命名为"卡米耳"的飓风袭击了美国的墨西哥湾沿岸，在密西西比州帕斯克里提安附近产生的风暴潮高达 7.4 米，这是美国记录的最大台风风暴潮高度。这次风暴潮给美国墨西哥湾沿岸造成了巨大损失，有140多人丧生，许多房屋被冲毁，一些船只被卷入海底，造成经济损失近13亿美元。

对于风暴潮，人们至今还没有任何行之有效的应对方法。不过提早预防，把灾害降低到最低，是人们可以努力做到的。因此，对风暴潮的预报工作就显得十分重要了。

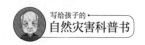

✏️ 蓝色的魔鬼

南太平洋的夏夜十分美丽，而靠近赤道的海滨夏夜尤其使人难忘。

那里有成片的椰林和沙滩。晚风吹散了白昼的暑气，人们躺在椰树下，抬头仰望灿烂的繁星，倾听海水在浅沙滩边呢喃细语，多么富有浪漫气息呀！

可是对于巴布亚新几内亚西北沿海的西塞皮克省的居民们来说，1998 年 7 月 17 日晚上，就不是这个样子了。

那天晚上，人们还在海边漫步，或是在家中休息，突然感到大地传来一阵强烈震动——平静的大海发怒了。海水卷起一排排十多米高的巨浪，凶猛地扑向了陆地。

人们来不及逃跑，一下子就被排山倒海般的狂浪吞没了。

等到海水退去，人们清醒过来，仔细看海水扫过的地方，这才发现海边的那些村庄不见了。只剩下遍地散落的瓦砾和墙板，几乎没有留下一座完整的房屋，就像是一片经过战争摧残的废墟，凄惨极了。

巨浪造成1600多人死亡，2000多人失踪，活下来的人成了无家可归的难民。由于位置偏僻，道路泥泞，给后续救援工作造成很大的困难。

那么，这场灾难是怎么引起的？

原来，附近海底发生了强烈的地震，地震引发海水冲袭陆地，这种现象叫作海啸。

海啸是一种常见的自然灾害。发生海啸时，海面会隆隆作响。海水猛地上涨，形成一道白花花的水墙，飞快地扑上陆地。当它横扫了一切以后，会一下子退得远远的，然后再冲上来，给人们一次又一次的打击。住在海边的人们千万别掉以轻心。

别以为发生海啸的时候，陆地上都有强烈的震感。1896年6月15日，日本东部三陆的一次海啸，就是

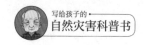
最好的例子。

那天正好是农历五月初五端午节，人们喜气洋洋地聚集在一起狂欢。他们正高兴的时候，突然觉得脚下的土地微微震动了一下。有人认为这是地震，可是这种小震动在日本时有发生。他们跳得正起劲，压根儿就没有把这件"小事"放在心上。

20多分钟后，海水忽然退去，袒露出一大片湿淋淋的海滩，在月光下显得十分怪诞。人们还在狂欢，丝毫也没有警惕。

这时，海上忽然传来一阵响声，一排排滔天巨浪，直朝岸边扑来。人们这才觉得有些不对劲儿，可是已经来不及了。

可怕的海啸卷起一波又一波海浪，无比凶猛地扑向陆地，把所有的东西一扫而空。其中第二波海啸最猛烈，在一个海湾内卷起的浪头有38.2米高。让我们在脑海中模拟一下相关情景，即便是十多层的高楼大厦也会被浪头一下子吞掉，真是太可怕了。

聚集在一起的人群再也没有兴致狂欢作乐了，只恨自己少生了两条腿，吓得尖叫着四散奔逃。只求老天爷给自己留下一条命，别的什么也顾不上了。

可是在汹涌的波涛面前，他们又能逃到哪儿去？事后清查，这场海啸冲毁了9000多栋房屋，造成至少2万人死亡。

这场海啸也是由一场8.5级海底地震引起的。除了本州岛的三陆一带，300多千米外的北海道也受到了影响。

大海的这一记重拳让日本人吃尽了苦头。从此以后，不论大震还是小震，他们都一只眼睛盯住陆地，另一只眼睛瞄着海上，再也不敢掉以轻心了。

"注意海啸"这句话从此不离日本人的嘴，成为人人都铭记在心的一句警告。

日本是有名的"地震之国"，由地震引起的灾害性海啸也特别多。让我们再看一些事例吧。

公元869年7月13日夜晚，前面说的三陆地带发生了海啸，一下子淹死了1000多人。

过了18年，另一个地方的海啸也冲走了好几千人。

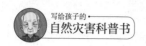
这两次海啸造成的损失，虽然没有前面说的三陆海啸那样大，可是在当时也很严重。

公元1026年的一次海啸，把一座小岛完全吞没了。

公元1498年，北海道附近的海底发生了8.6级大地震，造成海啸。其中一个村庄的180多户人家中，只有5个人侥幸逃脱。

公元1707年，南海道发生了大海啸，死亡2万多人。

公元1771年，八重山岛、宫古岛一带发生7.4级地震，生成的海啸浪高达40米，把许多小岛都淹没了。石垣岛只剩下几座山头露出水面。八重山岛的死亡人数超过本岛居民的1/3。宫古岛的损失也很惨重。其中一个村庄只有28个人生还。各岛死亡和失踪人数超过了1万人。

公元1792年，6.4级地震引起的一次海啸，毁坏房屋达上万座。海啸引起海岸崩坍，损失的土地堆起来，相当于一座小山峰。从此人们认识到，海啸不仅可以冲毁房屋、弄翻船只、淹死许多人，连土地也会被吞没。

公元1854年，日本东海岸又发生了一场大海啸。

海啸是由一场8.4级的地震引起的，它卷起的浪头有28米高，冲毁了上万户人家，海边许多地方都沉没了。这场海啸吓坏了当时的孝明天皇，认为这是老天爷在惩罚自己，连忙改了年号，以请求天上的神灵宽恕。

这样的例子还可以举出许多，它们都是由于海底地震造成的。

除了海底地震，海底火山喷发、水下滑坡和坍陷也能引起海啸。

这种海啸掀起的波涛到达岸边的时间很短，有时只需要几分钟，人们几乎来不及逃跑，更别提发出警报了，所以危害特别大。

前面说过的1792年那一次海啸，当时的地震并不大。可是靠近海边的一座大山发生山崩，崩坍的半个山头坠入海中，一下子溅起了55米高的波涛，立刻引发了大海啸。

1958年7月初，美国国庆刚过去5天，阿拉斯加的一个海湾就发生了滑坡。溅起的滔天巨浪把两艘小船一下子抛到了高高的山顶上。

✎ 异地传播的大海啸

在什么事情也没有发生的前提下，也能形成海啸吗？

可以的。公元 1960 年 5 月 23 日，原来一片平静的日本东海岸，忽然涌来一阵巨浪，将海边搅弄得一团糟。凶猛的波涛掀翻了无数船只，许多大船被抛到离岸好几十米远的地方。海水淹没了田地，摧毁了房屋，许多人稀里糊涂地失去了生命。这是 20 世纪 60 年代初，令日本损失最惨重的一次自然灾害。

人们纷纷质问监测预报部门，为什么不事先向大家发出预报？负责海啸预报的工作人员也感到非常奇怪。因为在这之前，该海域十分平静，丝毫没有形成

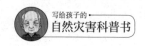
海啸的迹象。

后来，情况终于弄清楚了。原来是远在太平洋彼岸的智利发生了一场大地震，地震引发的海啸无情地摧毁了沿岸许多地方。又以约每小时700千米的速度，向西横扫整个太平洋，它先是袭击了夏威夷群岛等岛屿，最后涌到日本东海岸，带来了这场飞来横祸。传播距离足足有17000多千米。难怪日本海啸监测部门无法发出预报。人们责怪他们，可他们也有苦难言哪！

印度洋大海啸

马尔代夫是一个景色美丽的岛国，很多人都想去这个国家旅游度假。

2004年12月26日早上，初升的太阳平静地照耀着大地，清爽的海风吹拂着海面，早起的人们已经开始了一天忙碌的生活，到处都是一片自由、和谐的景象。

时间飞快地逝去，当时针指向当地时间8时的时候，大地突然颤抖起来，随之便巨浪滔天、狂风大作，巨浪不断吞噬着城市与村庄，狂风将树连根拔起。

发生海啸了！

原来刚刚的大地颤抖是印度洋海底发生了8.5级地震，而之后的巨浪、狂风就是因为这次地震引发了海啸。

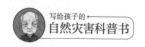
海啸波及东南亚和南亚数个国家，所过之处，村庄变成废墟，造成了严重的人员伤亡。

印尼受灾最为严重，据印尼卫生部称，该国死亡和失踪人数达到了29万人。

泰国确认遇难者总人数为5393人，失踪人数3000多人，其中超过1000人为外国人。

斯里兰卡的受灾程度仅次于印尼，其遇难总人数为30957人，失踪人数为5637人。

在印度，官方确认的死亡人数是10749人，失踪人数为5640人。

缅甸确认有61人在海啸中遇难，而联合国估计该国死亡人数为90人。

马尔代夫至少有82人遇难，失踪人数为26人。

马来西亚警方称，该国共有68人遇难，大部分为槟榔屿居民。

此外，非洲东海岸也有人员在海啸中遇难，其中索马里有298人遇难，坦桑尼亚有10人遇难，肯尼亚有1人遇难。

由强震引发的印度洋大海啸在几个小时里造成了一场人间惨剧。在这样巨大的世界性灾难面前，全世界团结了起来，各种救援物资源源不断地送往灾区，各国的救援队伍第一时间深入到受灾最严重的国家。终于，在人们的共同努力下，总算度过了这场灾难，但是我们必须学会反思。此次海啸灾难为何如此巨大？天灾难道不能预防吗？

这场由地震引发的大海啸之所以造成了巨大的人员伤亡，无疑与以下三点客观因素密切相关。

首先，就是灾害本身规模巨大。在这次罕见的大地震中，断层移动导致断层间产生一个空洞，当海水填充这个空洞时，便产生了巨大的波动，罕见的大海啸产生了。

二是灾害发生得十分突然。在地震约半个小时后，以每秒200米的速度传播的海底波动就到达了苏门答腊岛亚齐省的海岸，约一个小时后就在泰国普吉岛登陆，两个半小时后殃及印度和斯里兰卡，最后甚至冲到非洲东部的索马里。

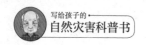
　　三是受灾地区人员密集。有报道指出，幸亏海啸发生在早晨，大多数游客还在房间里睡觉，否则死亡人数将更多。

　　此外，美国地质调查局信息中心的专家指出，此次海啸伤亡惨重与印度洋沿岸没有海啸预警机制和缺乏相关防护教育脱不了干系，如果有相关的预警机制，伤亡率可能会降低很多。

　　海啸是由水下地震、火山爆发或水下塌陷和滑坡所激起的巨浪。

　　破坏性地震海啸发生的条件是：在地震构造运动中出现垂直运动，震源深度小于 20～50 千米，里氏震级要大于 6.5 级，而没有海底变形的地震冲击或海底弹性震动，可引起较弱的海啸。此外，水下核爆炸也能产生人造海啸。

　　尽管海啸危害巨大，但它们形成的频次有限，尤其在人们可以对它进行预测以来，其所造成的危害已大为降低。

　　但是，我们也有必要掌握相关的逃生知识。

一、地震海啸发生的最早信号是地面强烈震动，地震波与海啸之间有一个时间差，我们可以用这个时间差做好预防。

二、如果发现潮汐突然反常涨落，海平面显著下降或者有巨浪袭来，都应该以最快的速度撤离岸边，向高处转移。

三、发生海啸时，航行在海上的船只应该马上驶向深海区，深海区相对于海岸更为安全。

因为海啸往往来得毫无预兆，假如来不及逃跑，遭遇了海啸的侵袭，那么掌握下面这些海啸中的自救和互救方法就显得尤为重要。

一、如果在海啸时不幸落水，要尽量抓住木板等漂浮物，同时注意避免与其他硬物碰撞。

二、在水中尽量减少不必要的动作，能浮在水面随波漂流即可。这样既可以避免下沉，又能够减少无谓的体能消耗。

三、如果海水温度偏低，不要脱掉衣服。

四、尽量不要游泳，以防体内热量过快流失。

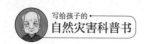
五、不要喝海水。海水不仅不能解渴，反而会让人出现幻觉，导致精神失常甚至死亡。

六、尽可能向其他落水者靠拢，既便于相互帮助和鼓励，又更容易被救援人员发现。

七、人长时间在海水中浸泡，会造成热量散失体温下降。溺水者被救上岸后，最好能放在温水里恢复体温，没有条件时也应尽量裹上被、毯、大衣等保温。注意不要采取局部加温或按摩的方法，更不能给落水者饮酒，饮酒只能使热量散失得更快。可以给落水者适当喝一些糖水，补充体内的水分和能量。

八、如果落水者受伤，应采取止血、包扎、固定等急救措施，重伤人员则要及时送医。

九、要及时清除落水者鼻腔、口腔和腹内的吸入物。具体方法是将落水者的腹部放在施救者的大腿上，按压其后背，帮助排出海水等吸入物。如果落水者心跳、呼吸停止，则应立即进行人工呼吸和心脏按压。

✏ 防洪小知识

对地质灾害，防患于未然或许是最重要的。因此，防止或减少洪水造成的损失的各种手段和对策是非常必要的。现代防洪措施包括防洪工程措施和防洪非工程措施。防洪工程措施主要有堤防、河道整治工程、蓄滞洪工程和水库等，通过这些工程手段扩大河道泄量、分流、疏导和拦蓄洪水，以减轻洪水灾害。防洪非工程措施主要包括洪水预报、洪水警报、蓄滞洪区管理、洪水保险、河道清障、河道管理、超标准洪水防御措施、灾后救济等。通过这些非工程措施，可以避免、预防洪水侵袭，适应各种类型洪水的变化，更好地发挥防洪工程的效益，从而减轻洪灾造成的损失。

纵观人类与洪水的斗争史，最先是人类避开洪水，择高而居，而后是修筑堤防，这是最早的防洪工程。我国修堤始于公元前16世纪～公元前15世纪，后来，河道整治、海塘建设相继出现；公元前250年修建了分洪工程；19世纪末，开始利用水库防洪。中华人民共和国成立以来，我国主要河流相继建成了以水库、堤防、蓄滞洪区为主的防洪工程体系和以洪水预报、警报、通信等为主的防洪非工程体系。这在抵御1998年长江大洪水和嫩江、松花江特大洪水的战斗中发挥了巨大的作用。

但是，再完美的防洪工程或预防措施也无法完全避免洪涝灾害对人类的侵害。

发生了洪水，该如何自救呢？

在受到洪水威胁时，如果时间充裕的话，应按照预定路线，有组织地向山坡、高地等处转移；如果已经受到洪水包围，要尽可能地利用船只、木排、门板、木床等，进行转移。

如果已经来不及转移，要立即爬上屋顶、大树、高墙，做暂时避险，等待营救，不要独自游水转移。

山区如果连降大雨，很容易暴发山洪。遇到这种情况时，应该注意避免渡河，以防被山洪冲走，同时也要注意躲避山体滑坡、滚石、泥石流等的伤害。

发现高压线铁塔倾倒、电线低垂或折断，要及时远离避险，不要触摸或接近，防止触电。

以上是发生洪水时的一些自救方法，如果在城市里遇到洪水应该怎么

办呢？专家建议，首先应该迅速跑到牢固的高层建筑避险，并及时与救援部门取得联系。同时应注意收集各种漂浮物，木盆、木桶都不失为逃离险境的好工具。洪水中人员失踪的原因，一方面是洪水流量大，猝不及防；另一方面也是因为有的人在不了解水情的情况下涉险渡水。所以，发生洪水时必须注意的是，在不了解水情的情况下一定要在安全地带等待救援。

在城市里遇到洪水时应注意：

避难所一般应选择在距家最近、地势较高、交通较为方便、卫生条件较好的地方。城市里有很多高层建筑，可以选择地势较高或有牢固楼房的学校、医院等地方避险。

将衣被等御寒物放至高处保存，将不便携带的贵重物品尽量放置到高处。

搜集木盆、木板等漂浮材料，将其加工成救生设备以备急需；洪水到来时难以找到合适的饮用水，所以可以用木盆、水桶等盛水工具贮备一些干净的生活用水。

准备好药物、取火工具等物品；保存好尚能使用的通信设备，与外界保持联系。

除了遭遇洪水时的紧急避防以外，洪水过后的防疫工作也特别重要。

洪灾过后，认真做好消毒工作与媒介生物的控制

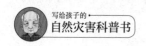

是防止灾后出现大疫的重要卫生防疫措施之一。其中最重要的当属饮用水的处理与消毒，饮用水消毒，可以用沉淀处理、过滤等方法。此外，粪便及动物尸体的处理也一定不能忽视。粪便处理不好，极易污染水源、滋生蝇类。动物尸体要及时进行消毒并深埋。

·想一想·

他们应该往哪里跑？

1. 他们离沙洲近，脱下的衣服也在沙洲岸边，赶快拿起衣服，跑上沙洲躲避。

2. 不要衣服了。趁洪水还没有冲到跟前时，蹚着水跑回岸边。

3. 两个人抱成一团，站在原地大声呼救。

·脱险指南·

如果有可能的话，最好赶快跑到岸上。

若是在河心沙洲躲避洪水，必须注意洪水的水势和沙洲的地形。四川某地的一次洪水，一些人被困在河心沙洲上，洪水越涨越高，被困的人很快就陷入险境，多亏岸上的人奋力划船过去营救，才使被困人员脱离了险境。如果一时逃不出去的话，还是找一个相对安全的地方，老老实实地等待救援更现实一些。

在哪儿下河学游泳最安全

河里有的地方水很深。你想学游泳，要找水浅的地方。

游泳有什么难，我肯定能学会。

你知道什么地方水浅吗？

完全不懂

我也不会游泳，不知道哪儿水深、哪儿水浅。

爷爷你好，我想请教一下。

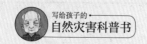

· 想一想 ·

在什么地方能找到浅水区？

1. 在河流朝外弯的凹岸边缘下水。

2. 在伸进河心的凸岸边缘下水。

3. 在两个河弯中间的平直河段下水。

· 脱险指南 ·

河流凹岸处的水很深很急，在这里学游泳很危险。

两个河弯中间的平直河段，河心位置的水很深，在这里学游泳也不太安全。

住在河边的人都知道河流凸岸常常有一片平缓的沙滩，这里的水很浅。在这里学游泳比较安全。

因为在河流转弯处，河水总是集中冲刷凹岸，将泥沙带到凸岸堆放，形成一片浅滩，所以凹岸水深流急，凸岸水浅，水流很平缓。

·想一想·

洪水退了，小莉可以吃什么东西？

1. 她捡到一只淹死的兔子，可以用火烤熟了吃。

2. 地上还有一汪汪积水，够她喝个饱。

3. 忍着饿，别忙着吃兔子，把水烧开了再喝。

4. 这些办法都不好，等找到救援人员，再解决食物问题。

·脱险指南·

洪水退后，动物的尸体很容易引发瘟疫，不但不能吃，还应妥善处理，及时掩埋。生水受了污染，没有煮沸也不能喝。号称"洪水之国"的孟加拉国经常发生洪水灾害，灾后多次发生瘟疫，就是与此有关，我们必须认真汲取这样的经验。

在1998年长江特大洪水期间，救灾物资中有许多矿泉水，就是针对这个问题而特意准备的。

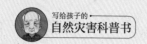

· 想一想 ·

在海边玩耍时要注意什么？

1. 绝对不要到潮汐线以下的地方去玩。

2. 计算好潮汐时刻，潮水一旦上涨就赶快跑回安全地带。

3. 注意海上风浪，风浪如果大了，也不要多在海边停留。

4. 注意气象消息。台风到达时，关上门别出去，绝对不能去海边。

· 安全向导 ·

潮水很危险，但是也用不着那么胆小，吓得不敢去潮汐线以下的地方。如果这样的话，谁也不敢去海滨浴场游泳，去海边拾贝壳了。

第 2、3、4 条都对。潮汐都是有规律的，但也要注意海上风浪、台风和海底地震等各种没有规律的险情。例如：刮大风时，海上会突然掀起一股"疯狗浪"，将岸边的人卷进海里。

小船驶进鲸群

我是不是眼花了。

你看见啥了。

在那儿!

啊!你看!海上有一块礁石!

· 想一想 ·

面对鲸群时，两个孩子应该怎么办？

1. 开动摩托艇，不顾一切地冲出鲸群。

2. 关闭引擎，将船停在原地不动。

3. 轻轻转向，先避开侧面游过来的鲸鱼。

4. 大声喊叫，用桨在水里拍打，吓退近处的鲸鱼。

5. 立刻开枪射击。

· 安全向导 ·

一般情况下，鲸鱼是不会主动攻击人类的。在海上遇着鲸群后，如果不能迅速冲出鲸群，最好保持镇静，留在原地静候形势发展。

笔者曾乘小艇在加拿大北部哈得逊湾的海上，遇到过上百条大白鲸。鲸鱼在艇边浮游，有的从侧面冲来，游到艇边，轻轻潜下水，又小心翼翼地从另一边浮出来。坐在艇上，伸手几乎可以摸到鲸背。这段经历让我印象深刻。

除了少数凶猛动物，野生动物很少主动攻击人类。请牢牢记住，你爱它们，它们也会以爱报答你。

面对海啸

· 想一想 ·

发生海啸时，他们该怎么办？

1. 赶快跑到高处躲避海啸。

2. 赶快往回跑，离海岸越远越好。

3. 旁边有一座房子，赶快钻进去关紧大门。

· 脱险指南 ·

发生海啸时，一排排巨浪会横扫海边的一切，躲进房子里也难脱厄运。唯一的办法是跑离波涛汹涌的海岸。

1960 年的智利大地震引发了一场巨大的海啸，高达 30 余米海浪，将挤在海边的难民和许多建筑物席卷一空。余波还影响到太平洋上的许多小岛和日本，造成不同程度的危害，比地震本身所带来的灾难还大。

·想一想·

他们还要带什么必要的东西？

1. 一瓶矿泉水，几块巧克力。

2. 一把雨伞。

3. 枕头和毛巾被。

4. 一个小镜子。

·脱险指南·

情况允许的话，可以带一瓶矿泉水和几块巧克力，其他东西最好不要多带，尽量不给救生艇增加重量。海上呼救会耗尽力气，远远地叫喊，别人也不一定能够听见，用小镜子反射阳光，引起救生飞机和船舶的注意，是一个好方法。

· 想一想 ·

他们该怎么办？

1. 赶快离开快要沉没的轮船和海上的人群。

2. 游向人多的地方，寻求帮助。

3. 爬上被打翻的救生艇。

· 脱险指南 ·

第一个办法是对的。如果轮船沉下去，会造成巨大的漩涡，把周围的人都吸下去。朝人多的地方去也不好，有时慌乱求生的人会抓住无辜者，浪费掉了宝贵的逃生时间。

如果能够爬上被打翻的救生艇当然很好，没有的话抓住一个漂浮的东西，也总比什么都没有好得多。